U0173583

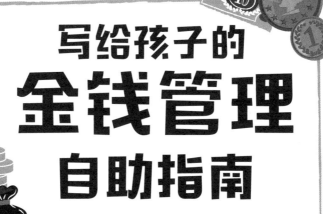

写给孩子的
金钱管理
自助指南

英国尤斯伯恩出版公司　编著　　陈召强　译

接力出版社
Publishing House

特别感谢

感谢简·宾汉、霍利·巴蒂在本书文字方面的贡献，

南希·莱斯尼科夫、弗雷娅·哈里森在本书图画方面的贡献，

薇琪·罗宾逊在本书设计方面的帮助，

菲莉希蒂·布鲁克斯在本书编辑方面的帮助，

感谢中国人民银行长春支行经济师郭佩颖对本书内容进行的审订。

桂图登字：20-2021-034

Managing your money
Copyright © 2022 Usborne Publishing Limited.
First published in 2019 by Usborne Publishing Limited, England.

写给孩子的金钱管理自助指南 XIE GEI HAIZI DE JINQIAN GUANLI ZIZHU ZHINAN

图书在版编目（CIP）数据

写给孩子的金钱管理自助指南 / 英国尤斯伯恩出版公司编著 ; 陈召强译 . —南宁 : 接力出版社 , 2022.9

ISBN 978-7-5448-7760-2

Ⅰ . ①写… Ⅱ . ①英… ②陈… Ⅲ . ①财务管理－少儿读物 Ⅳ . ① TS976.15-49

中国版本图书馆 CIP 数据核字 (2022) 第 079652 号

责任编辑：朱春艳　周琰冰　　美术编辑：王　辉
责任校对：张琦锋　责任监印：郝梦皎　　版权联络：闫安琪
社长：黄　俭　总编辑：白　冰
出版发行：接力出版社　　社址：广西南宁市园湖南路9号　　邮编：530022
电话：010-65546561（发行部）　传真：010-65545210（发行部）　http://www.jielibj.com
E-mail:jieli@jielibook.com　印制：北京尚唐印刷包装有限公司　　开本：880毫米×1250毫米　1/32
印张：6.25　字数：90千字　版次：2022年9月第1版　　印次：2022年9月第1次印刷
定价：32.00元

版权所有　侵权必究
质量服务承诺：如发现缺页、错页、倒装等印装质量问题，可直接向本社调换。
服务电话：010-65545440

引言

本书旨在帮助你管理财务，最大限度地利用好自己的财富。书中给出了包括如何赚钱、如何成为一个明智的消费者，以及如何提前做好规划等在内的各种建议，以便你把钱花在对你真正重要的人和物上面。

你将会学到如何做预算、如何管理生活开支，以及如何为捐赠和储蓄预留资金等知识。你还将提前了解将来你要做的各种财务选择。

小时候养成的理财习惯往往会伴随我们一生。所以，现在是着手理财的时候了！

目录

如何理财

你对自己的财务管理能力有信心吗？还是你觉得自己的钱并不是每次都能得到充分的利用？

做一下下面两页的快速测试，进一步了解自己的理财习惯。答题时要尽可能诚实，不要担心你给出的是不是"正确"答案。虽然学习理财需要时间和实践，但这是每个人都可以学习的一项技能。

在读完本书之后，你可以重新做一次测试，看看你都学到了哪些知识。

快速测试

1. 你总能记得你有多少钱吗?

A. 不记得。我只知道花钱,直到花完了为止。

B. 还行。我大概知道我有多少钱。

C. 是的。我会记账,包括我有多少钱以及每一笔支出。

2. 你有没有过把钱花光的时候?

A. 有。我有时候不得不向家人或朋友借钱。

B. 基本没有。我会做开支计划。

C. 从没有过。我总会留一些钱,以备不时之需。

3. 你会为了买某个特别的东西而攒钱吗?

A. 不会。我根本就攒不下钱。

B. 有时候会。但我经常放弃,然后把钱花了。

C. 会。我每周都会留出一定数额的钱,直到达成我的储蓄目标为止。

4. 如果得到很大一笔钱，你会……

A. 随身携带，这样看到想买的东西时就可以直接买了。

B. 放到家中安全的地方。

C. 存入银行账户*，这样可以得到利息，让钱生钱。

（*关于银行账户的内容，参见第 14 章。）

5. 看到一双非常好看的鞋子，你会……

A. 直接买下它——迫不及待地想拥有这双鞋。

B. 在准备购买之前，砍一砍价，看看能不能以更便宜的价格买下来。

C. 给自己一些考虑的时间。我可能会决定把钱花在其他地方。

大多数选项是 A？

想成为理财专家，你还有很长的路要走。不过别担心，你刚刚已经开启了你的旅程。

大多数选项是 B？

你在钱的问题上通常比较理智，不过还有很多有用的技能需要学习。

大多数选项是 C？

你在钱的问题上已经很谨慎了，不过你仍可以从本书中学到新的知识。

什么是货币

提到货币，你会想到什么？一堆硬币和纸币？或者某个看不见的东西，只需轻轻一点，就可以从银行卡或智能手机中发出去？

数百年来，货币已经经历了很多变化，而现在的变化速度之快，超过了以往任何一个时期。那么，我们是如何走到今天这一步的呢？让我们快速浏览一下货币从史前时期到当前时代的历史……

以物易物

在很久以前长达数千年的时间里，人们是不使用货币的。如果人们需要某个东西（比如一头骆驼），他们会用其他东西（比如山羊）来交换。这就是所谓的"物物交换"。

三换一，太划算了！

贝壳、可可豆和串珠

大约 3,000 年前，一些商人想出了一个很聪明的办法。他们不再用实物交换实物，而是开始用其他物品代表交易物。在印度和非洲，人们使用贝壳进行交易。墨西哥中部地区的阿兹特克人使用可可豆进行交易。北美洲地区的一些原住民使用彩色串珠即贝壳念珠进行交易。

金属硬币

在公元前 600 年左右，土耳其最先开始使用金属硬币。后来，古希腊人和古罗马人各自铸造了一套硬币，即所谓的货币。古罗马硬币上面印有皇帝的头像，以表明这是一种值得信任的货币。渐渐地，世界各国都制造了它们自己的货币。

纸币

纸币最早出现在中国，时间是北宋初年，但直到将近 1,000 年以后，欧洲人才开始印制钞票。在欧洲，钞票是随着银行的诞生而出现的。钞票是银行按照票面金额兑现的一种承诺。

支票

18 世纪，人们开始签写个人支票。支票是同意将钱从一个银行账户转到另一个银行账户的一种承诺。之后，支票被广泛使用，一直持续到 20 世纪末。

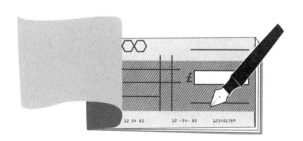

银行卡

20 世纪 60 年代中期,一种新的转账方式诞生了。这是一种可以被专门的读取器识别的塑料卡片。银行卡是非常有用的支付工具,利用自动取款机可以非常方便地从银行账户中提取现金。

网络支付

到了 20 世纪 90 年代,很多人在网上购物时,只需在计算机中输入他们的银行卡信息即可完成支付,从而实现了从买家到卖家的自动转账。网络支付推动了网络销售企业的快速发展。

非接触式支付

作为一种支付方式，非接触式支付在 2010 年前后开始出现。人们只需把银行卡或智能手机靠近机器读取器，就可以实现即时支付。非接触式支付一般会有支付数额上限。在英国，这一上限是 30 英镑（约合人民币 249 元）。

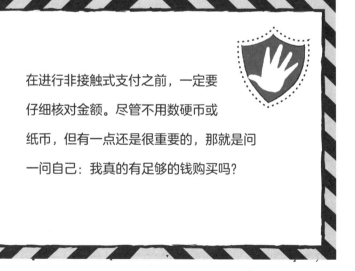

在进行非接触式支付之前，一定要仔细核对金额。尽管不用数硬币或纸币，但有一点还是很重要的，那就是问一问自己：我真的有足够的钱购买吗？

接下来呢？

　　将来，我们可能会完全停止使用现金。每次支付时，生物识别扫描仪会通过面部识别、指纹识别或语音识别，实现自动转账。

　　今天，人们的购物方式正在迅速地发生变化，很多人很多时候都是在网上消费。未来，我们甚至可能会用上购物机器人——它会按照我们过去的消费记录向我们提供购物建议。

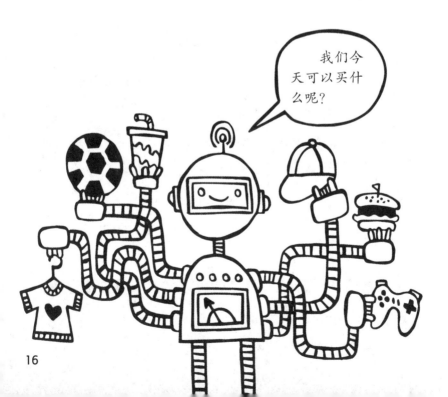

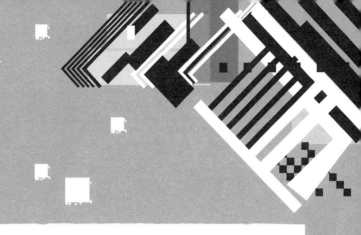

数字货币——未来的货币？

2009 年，一种名为"比特币"的新货币问世。比特币是一种数字货币（或者说虚拟货币），既无硬币也无纸币，只可以在特定网站使用。在购买商品或服务时，人们会使用存储在网络钱包中的比特币支付。

不过，由于种种原因，许多国家禁止使用比特币，各国中央银行都在研发和推广法定的数字货币，有人认为，未来我们都将会使用某种数字货币。

3 理财规划

在考虑钱这个问题时，你不妨先问自己两个简单的问题——

> · 我有多少钱可以花?
> · 我上周花了多少钱?

觉得这两个问题难以回答的肯定不止你一个人。不过，在钱的问题上，如果无法做到心中有数，会很容易产生不安情绪。当发现钱已经花光的时候，你可能还会陷入一种尴尬境地。

我想某个地方肯定还有钱。

幸运的是，只需采取几个简单的步骤，就有可能控制自己的开支，而最好的方法之一就是记账。

记账

通过记账，我们可以非常清楚地知道自己有多少钱可以花，以及已经花出去了多少钱。一旦收集齐这些有用的信息，就可以提前做规划了。

但首先，我们需要选择一个最佳记账方式……

· 你可以用一个笔记本记下你所有的开支。

· 你可以在笔记本电脑、智能手机或平板电脑上创建电子账本。

· 你可以通过一些应用程序来帮你理财。

入账和出账

通过账本，你可以看到自己有多少钱入账（有时也称作收入或所得）和有多少钱出账（有时也称作支出或开销）。

入账方面，你要记下自己所收到的每一笔钱的金额及其来源。在一周结束时，将所有收入合计起来。

出账方面，你要记下自己的每一笔支出。在一天结束时，将所有的支出合计起来。在一周结束时，再合计一次。这样，你就可以清楚地知道自己每天、每周的开支情况了。

保留小票

要记下所有的开支并不是一件容易的事，但如果你保留了小票，那么就可以清楚地知道自己花了多少钱。试着养成一个习惯：每天结束时都合计一下当天的支出。这样一来，如果钱花多了，你就可以及时注意到。

你的钱来自哪里?

在建立了入账记录之后，你就可以开始考虑另一个问题，也就是收入来源。

固定收入

你每个星期或每个月可能都会收到零用钱；或者，你可以通过工作获得一份固定收入。在做开支计划时，所有这些都是你可依赖的收入。

那么，我每周固定有多少钱可以花呢?

零用钱

在任何一群朋友中，总会有一些人的零用钱比其他人的多。但是，不管你有多少零用钱，学会让你的钱为你服务都是一项艰巨的任务。

非固定收入

在你的收入中，有一些可能是意料之外的，比如某个亲戚给了你一些钱或你获得了一笔奖金。这些都是令人愉快的额外收入，不属于固定收入，所以在做规划时，你不能把它们包括在内。

收入规划

对于自己可以支配的钱的数额，你可能会感到很满意；或者，你认为自己应该去赚更多的钱，以提高自己的收入。在第 5 章，我们将讲述一些赚钱的方法。

你会把零用钱花在什么地方？

很多青少年会用零用钱购买一些必需品，比如食品或衣物等。这对以后的成年生活来说是一种很好的锻炼，但重要的是，你要非常清楚地知道你的钱应该花在什么地方。

比如：

· 你会用来买午餐还是只买零食？

· 你会用来买日常衣物还是只买一
　些有趣的配饰？

在一些购物选择上提前考虑清楚，有助于避免产生不必要的损失。

你是如何花钱的？

在连续几周记录了"出账"情况之后，你就可以开始考虑支出模式的问题了。以下是一些有用的方法，可以让你进一步了解自己的记账情况。

·我把钱花在了什么地方？

试着把自己的支出分成不同的类别，比如食品、衣服和礼物等。这有助于你了解自己的收支是否保持了一种适当的平衡。

下个月，我将大幅削减衣服方面的开支。

·我购买的是"需要的物品"还是"想要的物品"？

学会区分什么是"需要的物品"，什么是"想要的物品"，这是一项非常重要的理财技能。更多信息，参见第 27 页。

·我是不是被多收了很多钱?

仔细查看一下账本上的高价商品,然后问问自己:我能不能以更便宜的价格买下来?(关于明智消费的建议,参见第 6 章。)

·我每周的支出都不一样吗?

试着比较一下你每周的支出情况。这样一来,你就可以一眼看出本周是不是花钱花多了。

我下次一定要记得以较便宜的价格买东西。

哟!我这周花钱可得注意了。

"需要的物品"和"想要的物品"——你能分辨吗？

下次准备花钱时，你要停下来，先问问自己：这是我需要的还是我想要的？

> "需要的物品"是指那些我们离不开的必需品，比如洗发水用完了，就需要再买一瓶。
>
> "想要的物品"是指那些我们并不一定真正需要的"奢侈品"，比如你已经有了一双运动鞋，但还想再买一双不同颜色的同款运动鞋。

把钱花在一些"想要的物品"上，这是没有问题的，但首先你要确保自己有足够的钱可以购买生活必需品。

我真的需要这些东西吗？

我们来看看下面的这些物品。

你能分清哪些是"想要的物品",哪些是"需要的物品"吗?

(答案见第 187 页。)

糖果

电影票

香蕉

唇膏

公交车票

体香剂

杂志

三明治

香水

泡泡糖

牙膏

袜子

记账总结

一旦对自己的出入账情况有了清楚的认识，你就可以对它们进行比较了。把每周的入账（收入）和出账（支出）分别合计起来，然后并排放到一起。接下来，问自己几个重要的问题。对照账本看一看，你是不是——

a. 一直能确保收入大于支出，这样一来，手上就有了以备不时之需的余钱。

b. 有时候很难保持收支平衡。

c. 有时候会发现支出超过了收入。

如果你的答案是 a，你可以松一口气。但如果你的答案是 b 或 c，那么要想成为理财专家，你还有很长的路要走。

收入－支出＝结余

萨姆的账本

入账

嗯……我真希望有更多的钱可以花。

第一周

零用钱　　　50元

总计：50元

第二周

零用钱　　　50元

园艺工作　　30元

总计：80元

这就好多了。能多赚点钱可真是太幸福了！

第三周

零用钱　　　　50元

奶奶给的礼物　20元

遛狗　　　　　20元

总计：90元

这一周的收入比上一周还要多，我要攒更多的钱。

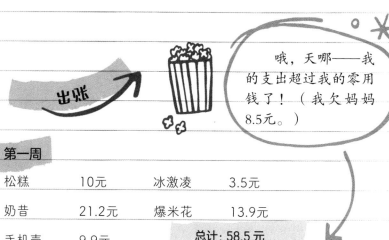

哦，天哪——我的支出超过我的零用钱了！（我欠妈妈8.5元。）

第一周

松糕	10元	冰激凌	3.5元
奶昔	21.2元	爆米花	13.9元
手机壳	9.9元	**总计：58.5元**	

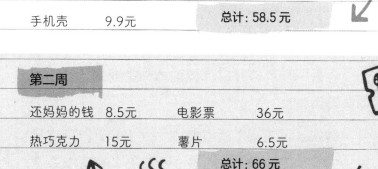

第二周

还妈妈的钱	8.5元	电影票	36元
热巧克力	15元	薯片	6.5元
		总计：66元	

我这周有更多的钱可以花，但还是得注意。

第三周

饮料	6.5元		
三明治	7.5元	奶酪棒	3.5元
杂志	4.5元	**总计：22元**	

我在攒钱买耳机，所以本周我只花了一部分零用钱，剩下的都存起来了。

31

4 做预算

　　记账可以帮我们了解过去的开支情况，但相比之下，提前做规划可能会更有用。提前规划的最佳方法是做预算。通过做预算，我们会看到自己有多少钱可以入账，有助于我们做开支规划。

收入、生活开支和其他支出

　　在做一周的预算时，我们首先需要知道自己本周的收入情况。

　　其次，需要记下所有的生活开支。这些支出是无法避免的，比如去学校或工作场所的乘公交车费用等。

　　在列出这些生活开支之后，就可以算出还有多少钱可以用于其他支出。

创建预算表

做预算的最佳方式之一，是在笔记本电脑、平板电脑或智能手机上创建一个简单的表格，然后填入自己的收入、生活开支以及其他支出。这样一来，我们就可以在表格中对各项合计金额进行比较，一眼便可看出自己的收入能不能覆盖我们的生活开支，以及我们还有多少余钱可用于其他支出。

在网络上搜索"生活预算表"或"个人预算表"，会看到许多不同形式的预算表格，你也可以结合自己的收支情况，制作一份独一无二的预算表格。

制定周预算

制作一份简单的周预算表，需要设置两列：一列是收入（收进来的钱），一列是生活开支（需要留出来购买必需品的钱）。

从收入中减去生活开支，便是你剩下的钱。对于接下来一周的开支情况，你要做一个规划。

我们来看一看卡勒姆的周预算表，表里列有他的收入和生活开支。

收入		生活开支	
零用钱	50元	两次午餐	40元
遛狗	20元	公交车票	2元
总计	70元	总计	42元

我需要从收入中减去生活开支，看看还有多少钱可以花。

$$\begin{array}{r} 70 \\ -\ 42 \\ \hline 28 \end{array}$$

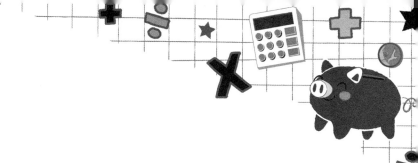

规划开支

在计算出一周的开支额之后，你可以在预算表中再加一列：其他支出。你要确保其他支出的总额不超过你可以花的余钱的总额。

收入		生活开支		其他支出	
零用钱	50元	两次午餐	40元	杂志	5元
遛狗	20元	公交车票	2元	小吃和饮品	18元
总计	70元	总计	42元	总计	23元

我需要把我的开支限制在28元以内，所以我本周准备花23元。

余钱

在一周结束时，如果还有余钱，你可以把它算到下一周的收入中，或者你也可以把它放入储蓄金中。关于储蓄的更多内容，参见第13章。

扩大预算表

预算可以很简单，就像本章给出的示例一样，但它也可以有很多列。比如，你可以在你的周预算表中再加上"储蓄"一列。

谁需要做预算？

其实，每个人都需要做预算。企业和政府会制定详细的预算，对各项开支做出规划，确保不会出现超支的情况。有的家庭也会通过预算来规划家中的各项开支。你可以制定周预算、月度预算、年度预算，乃至更长时间的预算。

5 赚钱

自己赚钱的方法有很多种。看看下面几页中给出的主意，想想哪些是适合你的。

兼职工作

如果你已年满 16 周岁，那么你可以在当地的商店或咖啡馆等企业找一份兼职工作。

通过兼职工作，你不仅可以拿到固定的薪水，还可以获得宝贵的职场经验，以及一些有用的技能。

在开始从事一份兼职工作前……

· 问问你的父母或监护人，看看他们是否乐意让你从
  事一份兼职工作。

· 确保你能在约定的时间内工作。（如果你马上要考
  试了，要跟你的雇主讲。）

· 让雇主提供一份合同或协议，上面要标明你的工作
  时间、薪酬和工作条件等。这样一来，在出现问题
  的时候，你就不至于束手无策。

为家人工作

　　有的父母乐意为家务劳动埋单。为什么不试试本页给出的这些工作呢？（当然，如果他们让你免费整理自己的房间，你也不要感到奇怪。）

打扫卫生

洗车

清洗碗柜

吸尘

扫落叶

修剪草坪

浇花

为邻居和朋友工作

如果你对自己掌握的一些有用的技能充满信心，那么你可以为你的邻居和朋友提供服务。比如，你可以为邻居修剪草坪或倒垃圾；或者，在他们外出度假的时候，帮他们喂猫或浇花。

安全第一

当你为邻居工作时，要坚持一个原则，那就是只为你认识的人提供服务。在征得父母或监护人的同意之前，不要去陌生人的家中，也不要透露你的任何联系方式。

与动物相关的工作

如果你和动物相处得来，那么你可以帮朋友和邻居做以下工作。

·宠物看护

这通常包括定时给宠物喂食，以及确保宠物的快乐和健康等。

·清扫笼舍或棚舍

有的宠物主人可能很乐意把这项工作外包出去。如果你喜欢猫，那么你可以通过清理猫砂盆赚取固定收入。

·遛狗

如果你喜欢散步，那么遛狗会是一项非常不错的工作，但首先你需要确认一点：你能控制住狗。

照看孩子

照看婴孩的建议年龄是 16 周岁以上，但在此之前，你可以做他们父母的帮手。如果你认识一些居家办公的父母，那么在放学之后，你可以为这些父母提供照看孩子的服务，比如给他们弄吃的，给他们读书听，或者陪他们玩耍等。

IT 支持

如果你的朋友或家人需要解决技术问题，那么你所掌握的信息技术（IT）技能就非常有用了。比如，你可以帮他们排除智能手机或平板电脑的故障，或者帮他们组装电脑等。

聚会娱乐

你擅长表演杂耍、魔术或变脸吗？如果擅长，那么你可以为小朋友们的聚会活动提供助力。

在为孩子们表演节目时，和其他人搭档会容易很多。你可以和朋友一起表演魔术或木偶剧，不过在此之前，你们需要先练习一下。

分享工作

当你把一份工作分摊给朋友的时候，你赚到的钱也必须分给他们。务必确保你收取的费用足以让每个人都觉得这份工作是值得的。关于费用收取方面的建议，参见第46—49页。

物品制作

你喜欢设计和制作物品吗？你可以利用你的技能，制作有吸引力的物品去卖吗？以下是一些有助于你从事这方面工作的想法——

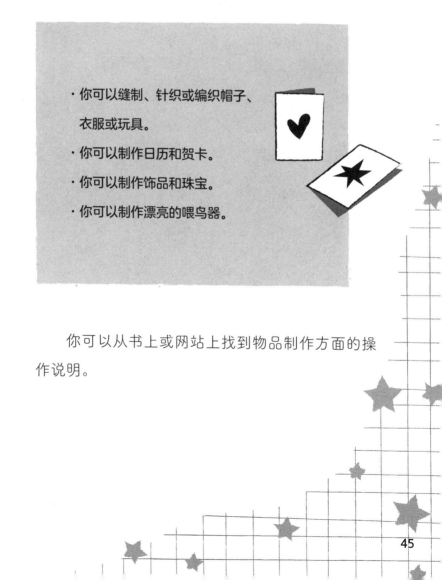

· 你可以缝制、针织或编织帽子、衣服或玩具。
· 你可以制作日历和贺卡。
· 你可以制作饰品和珠宝。
· 你可以制作漂亮的喂鸟器。

你可以从书上或网站上找到物品制作方面的操作说明。

盈利

当你为自己制作的物品定价时，很重要的一点就是要确保能够盈利，也就是获得利润。利润是物品销售价格与该物品制作成本之间的差额。

想一想你必须支出的费用。或许，你要采购用来制作珠宝首饰的串珠？或许，你要印刷海报，为你制作的物品打广告？如果你希望获得利润，那么你的定价就必须要高于成本。

我们已经给贺卡定好价了，是可以盈利的。

关于如何定价的问题，参见第48—49页。

你的时间也很重要

如果你亲手给奶奶制作一份礼物，她一定会非常珍视，因为你在这上面花了时间。所以，如果你制作手工艺品是为了赚钱，那么很重要的一点，就是在定价时，把你的时间成本加进去。举例来说，如果你织的是帽子，那么除了要算上毛线成本之外，你还要把你的时间成本算上。

从实际出发

你自然是希望通过卖东西来赚钱，但在定价时，必须要从实际出发。了解一下同类商品的价格，你可能会发现无法定太高的价。

阿米特和梅的赚钱计划

这是我们的贺卡销售计划……

首先，我们要确定贺卡的
制作数量。

我们制作 100 张贺卡。

然后，我们要考虑使用什么材料以及
这些材料的成本。

材料	成本	数量	合计
卡片纸	2元/张	10张	20元
绵纸	20元/包	2 包	40元
胶棒	3元/根	2 根	6元

总成本: 66 元

接下来，我们用总成本除以贺卡的数量，

求得每张贺卡的材料成本。

66元÷100= 0.66元

每张贺卡的材料成本是 0.66 元。

但我们还需要加上我们的劳动成本……

首先，我们需要计算每张贺卡的

劳动成本。

我们每小时可以制作20张贺卡，所以，我们要用20元除以20。

假设我们制作贺卡的劳动成本是每小时20元。

20元 ÷ 20 = 1元

每张贺卡的劳动成本为1元。

然后，我们把材料成本和劳动成本相加，

得出每张贺卡的总成本。

0.66元 + 1元 = 1.66元

每张贺卡的总成本是1.66元。

根据上面的信息，我们给贺卡的定价

既要覆盖我们的总成本，又要能给我

们带来利润。

如果每张贺卡定价为3元，那么我们的利润是多少？

3元（每张贺卡的价格）− 1.66元 = 1.34元

每张贺卡的利润是1.34元。如果我们的100张贺卡都卖出去了，我们可以赚多少钱？

1.34元（每张贺卡的利润）× 100 = 134元

134元，这可是一大笔利润！

你知道如何计算利润吗?

（答案见第 187 页。）

a. 如果制作 12 个布袋木偶的材料成本是 30 元，那么每个布袋木偶的材料成本是多少?

每个布袋木偶的材料成本 = _____

b. 如果你的劳动成本是每小时 8 元，而你一个小时可以制作 4 个布袋木偶，那么每个布袋木偶的劳动成本是多少?

每个布袋木偶的劳动成本 = _____

c. 你能计算出制作每个布袋木偶的总成本吗? （总成本 = 材料成本 + 劳动成本）

每个布袋木偶的总成本 = _____

d. 如果你想要每个布袋木偶赚 1.5 元，那么你应该给它定价多少?

每个布袋木偶的定价 = _____

明智消费 6

为什么有的人在花钱上很有计划，而有的人则总觉得钱不够用？本章将给出一些建议，帮助你成为一个明智的消费者，并帮你在以下方面省钱。

· 食品和饮料
· 衣服和鞋子
· 美容及护理产品

本章还会告诉你在购买折扣商品、减价商品和特价商品时的一些诀窍。

但首先，让我们来看下一页的消费建议。

三个明智的消费建议

1. 三思而行

在花钱之前，停下来问一问自己：我真的需要吗？或者，

我只是想要？

2. 提前规划

提前考虑好自己需要什么东西，尽量避免冲动性购买。

在冲动的情况下，很容易做出错误的选择。

3. 谨慎行事

保留好购物小票，以便在必要的时候退货。（关于退货和

退款的内容，参见第 9 章。）

食品和饮料

对大多数少年儿童来说，购买食品和饮料是他们最大的生活开支之一。当然，你需要吃健康的食品，这一点很重要。这里有一些方法既可以减少你的开支，又能让你吃上健康、美味的食品。

下次购买食品时，试试以下这些省钱秘诀。

·对相似产品的价格进行比较

花上几分钟的时间，对比一下不同品牌产品的价格。你可能会发现它们之间的价格差异非常大。

·留意超市的自有品牌产品

超市的自有品牌产品可以说品质丝毫不亚于知名品牌产品，但它们的价格通常更低一些。

·选择在一天即将结束时购物

这时，你往往会发现有些商品已经在降价销售了，比如面包店里的面包。

·不要被包装蒙蔽双眼

盒装的切块水果看起来可能很诱人，但买一个完整的水果，吃起来会感觉更新鲜，花钱也更少。

·常吃的东西批量购买

购买组合装的谷物棒，要比购买同等数量的单根谷物棒便宜，而且买一次可以吃好几天。

即买即用

在大多数超市的折扣区，都可以买到便宜的商品，但如果你买的是肉、鱼或乳制品，就一定要留意它们的保质期，并在保质期内食用。

特价商品

特价商品和折扣商品的确可以帮我们省很多钱，但不要购买自己不需要的东西。当你看到买二赠一的商品时，购买前记得问问自己：

为什么要多买呢？我真的需要这么多吗？

按清单购买

有时候，在收银台前，你是不是发现你要买的很多东西其实并不是你真正需要的？如果列一份购物清单，严格按照这个清单购买，将有助于你避免落入冲动性购买的陷阱。

折后价格计算

　　商店的商品有时会打折出售。在中国，几折就表示十分之几，也就是百分之几十。例如，打八折出售，就是按原价的 80% 出售。

　　一顶帽子原价 120 元，现在打八折，价格是多少呢？

　　打折后的价格：120 元 x 80% = 96 元

　　在有的国家，比如英国，商店用百分数标示折扣，商品的折后价格要用原价减去这个百分比的钱。

折扣为10%，即10% x 120元＝12元

打折后的价格：120元 − 12元＝108元

折扣为40%，即40% x 120元＝48元

打折后的价格：120元 − 48元＝72元

折扣速览

英国人的折扣表示方法与中国不同，以下是一些
常见折扣的快速换算，如果你以后去英国留学，
购物时记得进行换算：

20% 折扣 ＝ 八折

25% 折扣 ＝ 七五折

75% 折扣 ＝ 二五折

买哪种商品最划算？

　　现在的食品有各种不同的包装规格，所以有时候我们很难判断自己的钱是否花得值。好在有一种比较价格的方法。

我怎样才能知道哪种商品的性价比最高？

?

　　在英国，按照法律规定，售卖食品和饮料的商店需要标明商品的单价，即每件商品的价格或每计量单位（比如每公斤或每升）商品的价格。

查看单价

购物的时候，注意查看价格标签底部标示的单价。顾客可以据此比较不同商品的价格——即便这些商品有着各自不同的包装规格。

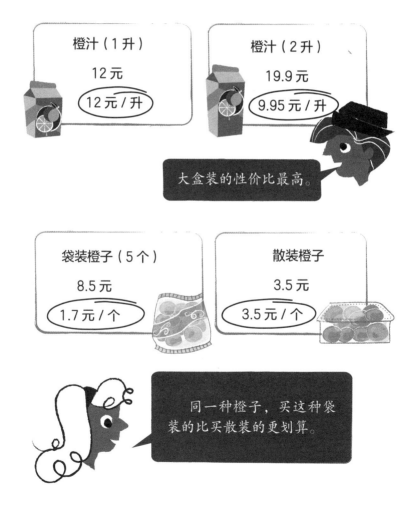

橙汁（1升）

12元

12元/升

橙汁（2升）

19.9元

9.95元/升

大盒装的性价比最高。

袋装橙子（5个）

8.5元

1.7元/个

散装橙子

3.5元

3.5元/个

同一种橙子，买这种袋装的比买散装的更划算。

衣服和鞋子

买衣服和鞋子会给我们带来许多乐趣，但在购物过程中，我们也很容易犯下一些错误，为此付出昂贵的代价。下次当你有大额支出时，先问问自己如下几个问题。

·这件衣服真的合适吗？

是不是太大或太小？有没有感觉不舒服？

·我会在什么时候穿？

你真的想把一大笔钱花在一件平时很少穿的衣服上吗？

·它容易清洗吗？

从长期角度来看，"只可干洗"的衣服的成本是非常高的。

·家里是不是已经有一件几乎一样的？

这是你想要的还是你需要的？（翻回第 27 页，提醒自己什么是"想要的物品"，什么是"需要的物品"。）

如果你依然对自己的选择感到满意，那么该是问下一个大问题的时候了。

我会不会买贵了？

这时，你就需要做一些比对价格的工作……

如果是在实体店购物，你可以去其他商店转转，看看有没有价格更便宜的。通常情况下，在你下定决心购买之前，可以让店主帮你短时间保留某件商品。此外，你也可以上网查一查，看看网上的价格是不是更便宜一些。

如果是在网上购物，可以搜索一下其他网站，看看它们有没有特价品或促销品。通过搜索对比，你就可以做出选择了——相信自己买的东西物有所值；或者，你决定再观望一段时间，这样你就有更多工夫去找更便宜的商品，或者到促销季的时候再买。

二手服装

在二手商店或销售网站，你可能会发现一些超值的特价品。即便是那些从未穿过的衣服或鞋子，售价往往也只是原价的很小一部分。

在有的国家，慈善商店是一个非常棒的去处，人们可以在那里淘到很好的衣服，不仅省钱，还能为慈善事业做出贡献。

有的人会把慈善商店里复古的二手商品组合到一起，打造一种独特的着装风格。即便不购买整套行头，他们可能也会购买几件"古着"*单品。

*指真正有年代而当下已经不生产的服饰，但要注意的是，现在有些商店卖洋垃圾也用"古着"混淆视听。

化妆品和美容产品

当然，我们都希望自己看起来好看，闻起来也香，但在把钱花在最新的"神奇配方"上之前，你需要先看看下面这些建议。

·先试后买。先要一个试用装试一试，在确定适合你之后再购买。

·不要被那些眼花缭乱的广告蒙蔽了双眼，进而购买高价商品。去美容和护理产品经常打折的网站看一看，也许那里有低价的选择。

· 对于面霜和香水等产品，购买前先在皮肤上试一试。有些产品可能会让你产生过敏反应。

· 和朋友们一起聚会时，把那些并不适合你的产品交换出去。

犯错是难免的

不要因为觉得自己浪费了钱而产生太大的负罪感。在购物方面，每个人都有犯错的时候。把这些错误当作有用的经验，推动自我进步，让自己成为一个明智的消费者。

快速测试

你能分清哪种条件下商品更便宜吗？还是你对这些优惠条件有疑问？从下面每组中选出你认为最实惠的一项。

（答案见第 187 页。）

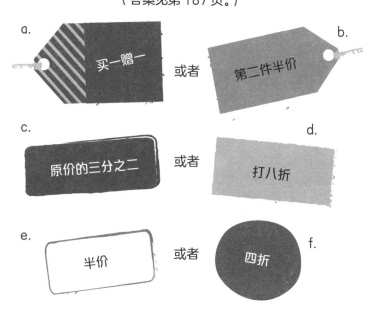

a. 买一赠一　或者　b. 第二件半价

c. 原价的三分之二　或者　d. 打八折

e. 半价　或者　f. 四折

你能计算出下面这些衣服的折后价格吗？

短裤 200 元 / 件
七五折销售

T 恤衫 120 元 / 件
六五折销售

7 在线交易

　　在网上购物，我们可以很方便地比对价格，找到更便宜的商品，从而达到省钱的目的。不过，这种购物方式也存在风险。那么，我们怎样才能保护好自己，在确保安全的前提下尽情享受网络购物的乐趣呢？

安全购物

　　首先，你要确保父母知道你准备在网上购买什么东西。下面有一些指导原则，它们将会为你的安全购物提供助力。

> ·在网上购物时，一定要使用安全的互联网链接，这样你的财务信息就不会被窃取。

· 避免使用公共场所的无线网络，比如咖啡馆或购物中心的免费 Wi-Fi，因为在这些地方，其他用户可能会通过无线网络获取你的信息。

· 注意浏览网页的安全性，若跳出安全警告的弹窗信息，为防止隐私泄漏，请立即关闭浏览器，离开该网站。

· 仔细阅读卖家的退货条款。（关于退货的更多内容，参见第 9 章。）未提供退货信息的网站，应当避开。

· 将你的网络账户密码设置成"强密码"——密码由大、小写字母和数字等组合而成。

· 如果提示信息问你是否"保存"银行卡信息，为安全起见，一概点击"否"。

· 最后一条，时刻保持怀疑态度。如果某笔交易划算得令人难以置信，那么最好不要相信。

网上拍卖 —— 出价前请三思

网上拍卖让人感到兴奋，但一定要保持谨慎态度，不要失去理智。不然，你最后花的钱可能远超过你原本的预算。如果竞拍成功，又未按约定支付购买的话，还要承担相应的责任。

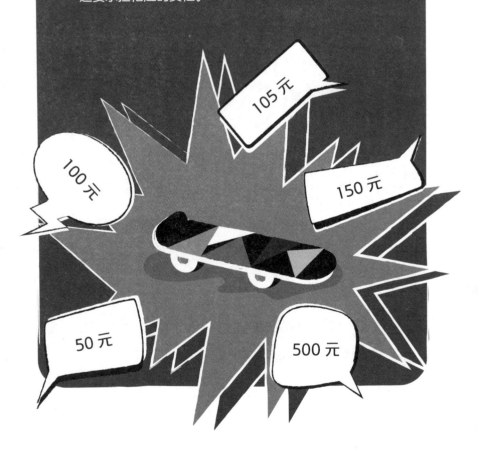

网上销售

在网上卖东西是一个清理个人杂物的好方法，而且还能赚到钱，但在此过程中，务必遵循一些基本的安全规则。

· 切记不要自己去联系买家，让你的父母或监护人帮你联系他们。
· 确保你的形象和个人信息没有出现在任何待售物品的图片中。
· 严格遵守销售网站的安全指南。

你也可以考虑跟家人或朋友合伙，一起卖掉那些你们不想要的衣服、书和游戏产品等。

8 手机和应用

　　我们的手机可以说是一个主要的"花钱机器"。各项资费会迅速增加，手机本身也可能会损坏、丢失，甚至被窃。下面有一些方法，既可以帮我们节省开支，又能确保我们的手机安全。

手机购置

　　人们总有购买最新款手机的冲动，但选择购买那些并不是很新潮的手机，可能是一个明智之举。当我们购买了一部便宜的手机——

· 如果手机损坏或丢失，我们不会感到特别悲伤。
· 手机的替换成本不是很高。
· 在其他方面，我们会有更多的钱可以支配。

我是一部老款手机，现在又流行起来了。

看好你的手机

· 一定要把手机放在安全的地方。

· 买一个非常结实的手机壳，防止手机磕碰或摔坏。

· 一定要为手机设置锁屏密码——不要设置那种容易被人猜中的密码。

· 千万不要在手机里保存重要的财务信息，比如你的银行卡密码。

· 考虑给你的手机投保，这样你就可以用保险理赔金支付更换手机的费用。（手机保险通常包含在室内财产保险中，具体参见第 172 页。）

如果手机丢失了……

· 第一时间告诉你的父母或监护人。

· 联系通信运营商，告知手机丢失，挂失手机卡。

手机卡套装

　　在中国，一般要年满16周岁才能自己办理手机卡。如果你未满16周岁，需要在父母或其他监护人的陪同下，带着身份证、户口簿去通信营业厅办理，你可以让父母帮你挑选一个合适的手机卡套餐。

　　办理了手机卡套餐之后，通信运营商会按月向用户收取费用，也就是套餐资费，并提供固定限额的短信、通话等服务。如果你使用的是智能手机，那么你的套餐中还包括限额的移动数据流量。所以，只要不超出资费限额，你每个月的费用支出都是预知的。但如果你超出了资费限额，则需要支付额外费用。

　　不同的套餐，业务资费各不相同，所以你需要根据自身情况选择一个合适的套餐。最开始的时候，可以先选一个比较灵活的套餐，便于后期更换为更适合你需求的资费套餐。

查看手机套装使用情况

时常查询手机套装的使用情况，看是否超出了资费限额，并养成习惯。如果你发现自己被收取了额外的数据使用费用，可以考虑更换一个更适合你的套餐。

我会在每个周末查询手机资费的使用情况。

封顶套餐

在中国，手机卡当月套餐内的通话、数据流量如果提前用完，你通常会收到短信提醒，告知你超出部分的资费标准。在英国，有的手机卡套餐带有费用自动封顶条款。这意味着一旦你用完了当月的限额，手机通话、短信或移动数据流量等服务将被关闭，直至月底，次月自动恢复。很多家庭会选择封顶套餐，这样一来，账单支付人就不用担心出现意想不到的费用。

合约机

在中国，人们购买的很多手机是裸机，费用仅包含了手机的价格，并不包含每个月的资费。

除了裸机，人们也可以选择购买合约机，合约机有充话费送手机、买手机送话费两种类型。签订合约之后，在合约期内用户很少交或不用交话费，从长远来看，合约机可以为用户节省一笔费用。不过，根据与通信运营商签订的合约，用户在合约期限内不能更换手机卡，也不能停机。

按使用付费

确保费用不超支的一个万无一失的方法，就是选择预付款"按使用付费"的手机合约。这不是合同，所以无论什么年龄，你都可以拥有一部"按使用付费"的手机。

任何人都可以选择"按使用付费"。

在"按使用付费"合约下，你就可以更放心地使用自己的手机了。你需要向通信运营商预付费用，不过，一旦预付费用完，你的手机就将处于停机状态。"按使用付费"允许你按照自己的支付能力使用手机，你甚至还可以选择在一段时间内暂停使用手机。

减少手机使用费用

手机费用超支最常见的原因是移动数据流量使用过多。以下是一些减少智能手机移动数据流量使用的方法。

· 尽可能连接当地的无线网络，同时关闭数据漫游。

· 关闭你当前未在使用的应用（包括游戏）。

· 留意"移动数据流量吞噬者"，比如电影、视频直播等。

游戏

　　如果你喜欢玩游戏，那么你会发现玩游戏非常费钱。除了游戏产品的费用之外，还有广告的诱惑：更大、更好的控制台，键盘，手柄和耳机等。

　　倘若你下定决心不购买任何新产品，你会少花很多钱。你可以和朋友组建一个群，相互交换物品，或者上网搜寻和购买二手游戏产品，并把自己不想要的游戏产品卖掉。这样不仅可以减少你的开支，还会给你带来更多游戏乐趣。

当心隐性成本

许多游戏应用是可以免费下载的，但那很可能是为了鼓励你多花钱。在你玩到兴起的时候，一条信息可能会突然出现在屏幕上，问你要不要升级、复活或购买新的装备。一不小心，你会发现自己按下了"立即购买"的信息提示，而此时此刻，你甚至都不会去想花多少钱的问题。关于应用内支付的更多内容，参见下一页。

 应用内购买警示

只要用户在应用商店注册，他们就会被要求填写详细的银行卡信息。在应用内，当用户按下"购买"按钮时，钱会自动从银行卡转出，从而完成支付。这可能会导致一些重大支出问题——比如有报道称，有的孩子从他们父母的银行卡上支出了数万元，但在此过程中，这些孩子甚至都没有意识到他们付的是真金白银。

幸运的是，我们有办法来避免在应用内支付时出现意想不到的支出。如果你注册时绑定的是设有限额的预付卡，那么就永远都不会超支了。（关于预付卡的更多内容见第116页。）

免费试用提示

　　有些免费下载的应用实际上是有订阅费用的，每个月都会向用户收钱。

　　当心那些有免费试用期的应用。它们的试用期通常为一个月，一旦过了这个免费期，它们就会按月收取费用。

　　记得记下免费试用期的截止日，这样你可以及时取消订阅。否则，订阅费就会从你的银行账户自动转出。而一旦开始按月付费，你再想取消，可能就要支付退订费。

⑨ 退货和退款

即便是经验丰富的购物者，有时候也会失算，特别是在网上买东西的时候。我们最终收到的商品可能是残次品或损坏品，也可能是尺码或颜色不对，甚至与我们期望的完全不符。幸运的是，这并不意味着我们的钱就被浪费了。只要遵循本章中给出的规则，通常来说，我们是可以成功退货并拿回自己的钱的。

我还以为是一顶小一点儿的帽子呢！

查看退货条款

在购物支付之前，我们需要确保自己日后不会被卡在退货条款上。

· 如果是在实体店购物，那么在付款之前，我们要向售货员了解他们的退货条款；或者，也可以自己查看他们的条款说明，这样的条款说明通常在收银台附近。

· 如果是在网上购物，那么在确认订单之前，我们要先找到标有"退货"字样的栏目，然后从头到尾认真读完。

· 有些商品基本上是不能退的，比如内衣和定做的耳饰等。

销售警示

在举办清库存大促销活动时，商店会在退货方面做出一些特别规定。通常而言，在活动期间购买的商品，退货期限相对较短，甚至有些商品是不允许退货的。

记得保留小票

如果顾客想退货，往往需要出示购物小票作为凭证。虽然有些商店提供电子小票，但很多商店仍在使用纸质小票。一般来说，商店都有退货期限规定，比如在中国通常是 7 天，所以我们要尽量养成习惯，把纸质小票保存在一个相对安全的地方，比如收纳盒里。这样一来，在需要的时候，就很容易找到它们了。

如果是刷卡消费，即便小票遗失了，凭借刷卡记录，卖家仍有可能接受顾客的退货。如果是现金消费，购物小票丢失，商家是有权拒绝退货的。

我要是把小票放在一个安全的地方就好了。

退款和代金券

退款是指把顾客已经支付的款项全部退还给顾客。如果你购买的商品存在瑕疵，而且你也保留有购物凭证，那么你就可以按照卖家的退货条款申请退款（参见第 84 页）。

如果你只是因为改变了主意而退货，在中国，很多商家是支持 7 天无理由退换货的，但是在有的国家，比如英国，你得到的可能只是代金券。代金券有时也被称为贷记单或店内抵用券，它们可能是一种塑料卡，也可能是打印的凭条。顾客可以用代金券购买商品，但所购商品总额最高不超过退货金额。大多数代金券都仅限于在本店（或连锁店）内使用，而且往往还有使用期限。

在中国，一些商家为了吸引顾客，可能会发放优惠券，顾客在消费的时候可以拿优惠券抵现金使用。使用了优惠券的订单想要申请退款也是可以的，但是被使用了的优惠券一般不会退回。

退货

在同意退货和退款之前，卖家会坚持按照某些特定的条款来处理。

·一定要看好退货期限。

如果顾客未在规定期限内退货，那么卖家有权拒绝退款。

·核对其他条款和条件

这些条款和条件的内容通常是要求退回的商品应保持完好，要有原始包装、吊牌或标签。这意味着衣服或鞋子不能有任何磨损的痕迹。如果你穿着新鞋到室外，即便只是待了短短几分钟，鞋底也会弄脏，对于这种情况，卖家通常是不会退款的。

你永远别再想着退钱了。

· 在网上购买且送货上门的商品，退货时有些商店会要求要以原包装退回。

即便你迫不及待地想看一看包装内的商品，也要小心翼翼地打开，以免后期退货时遇到麻烦。

小票信息

这是购买日期，顾客可以据此在规定期限内退货。

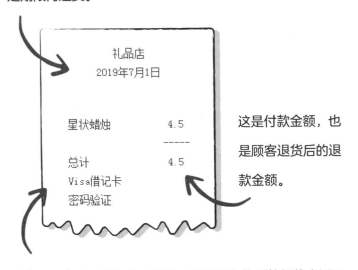

这是付款金额，也是顾客退货后的退款金额。

礼品店
2019年7月1日

星状蜡烛   4.5

总计   4.5
Visa借记卡
密码验证

这表明顾客是用银行卡支付的，所以所有的退款都将会返回这个银行账户。如果支付的是现金，那么退款时退的一般也是现金。

10 娱乐

组织朋友一起玩，可能会花不少钱。那么，怎样才能玩得开心又不至于花太多钱呢？

家中还是户外？

要想玩得开心，不一定非要去户外。为什么不和朋友一起策划一些室内活动呢？这不仅可以让你省钱，还会给人一种更特别的感觉。下一页就此给出了一些建议。

设定开支上限

有时候，组织户外活动可能会出现严重超支的情况。你可以和朋友提前策划，设定一个开支上限。

一旦掌握了确切的开支情况，你就可以放下心来，尽情玩乐，因为你不用担心开支失控了。

室内活动——5个省钱的好方法

1. 在家中举办"电影之夜"活动。制作一些爆米花，调暗灯光，然后坐下来一起欣赏电影。

2. 客厅卡拉 OK 活动。在客厅清理出一个地方作为舞台，跟着自己最喜欢的歌一起唱。

3. 组织工艺活动，交流彼此的技能。你甚至还可以自己制作礼物，这样也可以省钱。

4. 挑一个下午，举办棋类游戏。你可以到二手商店购买便宜的游戏产品，然后掷骰子，开始对弈。

5. 举办舞蹈比赛。下载一些舞蹈曲目，试着跟着跳。

减少开支

在户外活动中，最大的开支项通常是食品和饮料。只要稍加筹划，你就可以大幅减少这方面的费用。

我每次出门时都会把水壶装满，这样不仅可以省钱，还有助于保护环境。

我会带自制食品，和朋友一起分享。

我自己制作冰沙。这给我省了很多钱！

我自己带热饮，这样就不用去咖啡店买了。

我们自己带食品和饮料去影院吧，否则小吃的费用就超过电影票了！

（大多数影院都允许自带零食和软饮。）

外出就餐

如果你想到外面吃饭，不妨多找一找，挑选一家高性价比的餐馆。你要留意——

· 傍晚用餐时有折扣的餐厅。

· 咖啡馆和餐厅提供的特价套餐优惠券。（但要看情况，有些套餐可能没有看上去那么好。）

· 可以提供附近高性价比美食的应用程序。

（记得查看特价套餐或优惠活动的适用范围，以免结账时无法使用。）

户外活动——5 个省钱的 好方法

1. 在公园举办球类活动。

2. 和朋友一起骑行。

3. 参观免费的博物馆或美术馆。

4. 在网上搜索附近的免费活动。

5. 留意一些特别景点的家庭优惠券。

馈赠礼物

最让人有满足感的花钱方式之一是把钱花在别人身上。款待自己关心的人，那种感觉可以说是再好不过了。那么，怎样才能充分利用好自己的钱呢？什么样的礼物可以更好地表达我们的关爱之情呢？

心意更重要

没有必要花一大笔钱让别人开心。相反，我们可以利用自己的时间和技能，制作别具一格的礼物。下面这些方法可以让我们的钱花得更值，也会让我们的礼物更显珍贵。

· 制作可摆放特殊照片的相框。

· 对罐子进行装饰，并在罐子里装满自制饼干。

· 在花盆上作画，并在花盆里种上花草。

· 用自己的照片制作日历。

· 烘焙蛋糕并进行装点。

生日承诺

　　你会不会有时因为想不出完美的礼物而发愁？或许，你可以用一项承诺来替代礼物。想一想有什么特别的事情是你关心的这个人真心喜欢的。然后，把这项承诺写在卡片上。

我承诺……

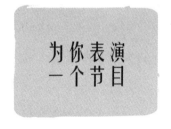

为你表演
一个节目

把早餐送到
你床头

打扫房间

为你写一篇故事

礼物预算

你也许遇到过这样的情况：你想买礼物，却发现自己的钱不够了。这时，你可以考虑设立一项礼物基金。

在做每周一次的预算时，你可以在预算表上增加一栏，即礼物栏。按照计划，你可以每周存入固定金额，而在买礼物的前几周，你还可以增加存入的金额。

我通常每周会存入2元钱作为礼物基金。

下个月我需要买很多礼物，所以我在接下来的几周每周存入5元钱。

12 慈善捐赠

　　当我们向慈善机构捐款时，我们也就帮助改变了别人的生活，改变了环境或改变了野生生物的生存条件。通过捐赠，你会发现自己也是可以帮助他人的，做慈善并不是富人的专利。

· 你可以为你支持的事业制定一个捐款预算。
· 你可以通过自己的购买选择为一些慈善机构提供帮助和支持。
· 你可以利用自己的时间和精力为一项特殊的事业募集资金。

我自己制作贺卡，卖了之后支持慈善事业。

在任何可能的情况下，我都选择购买"爱心助农"商品。

我会参加一年一度的"募捐跑"。

我会给一家野生生物基金会捐款。

我帮助举办时装展，为慈善事业筹款。

我的大部分衣服都是在慈善商店买的，所以买衣服的钱也就进入到了公益事业中。

筹款

为慈善机构筹款是非常有意义的一件事，而且过程中充满乐趣。为什么不和朋友们一起策划活动，为慈善事业募集一些资金呢？

募集资金的

5 个方法

1. 组建洗车队。

2. 举办歌舞表演活动。

3. 策划赞助活动，比如跑步、游泳或歌唱等活动。

4. 举办糕点售卖活动。

5. 设立化妆摊位。

获得技能

当你为慈善机构筹款时，你并不仅仅是在支持一项重要的事业；在此过程中，你还会获得一些宝贵的理财技能，这些技能你在成年后也会用到。

寻找赞助商

寻找一些赞助商可以更高效地增加慈善筹款的金额。你可以尝试接触一下当地的商店或企业，问问它们的管理者愿不愿意提供帮助。

· 他们可能愿意负担一部分成本。

· 他们可能会捐赠食品、设备或奖品。

· 他们可能会提供善款，满足你的筹款需求。

作为回报，你可以把赞助商列入活动支持者名单，并予以展示。切记要把所有重要信息都印在海报或宣传页上。

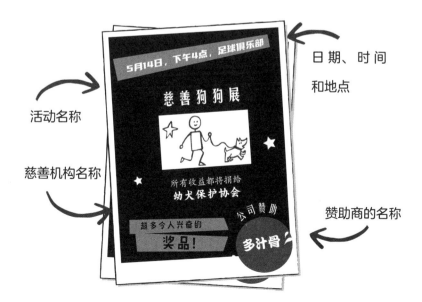

13 储蓄

储蓄也就是存钱，它会给人一种美妙的感觉。一旦开始存钱，你就会发现——

· 你可以开始计划购买你真正想要的东西。

· 你可以攒下买礼物的钱。

· 你可以保留一部分钱以备不时之需。

至少我已经存了足够多的修理费。

从小钱入手

即便只能省出很少的钱，你也可以开始实施自己的存钱计划。仔细算算你每个星期或每个月可以留出多少钱，然后坚持按这个数额存钱。具体存多少，要从实际出发，不能半途而废。很快，你就会发现自己存的钱越来越多。

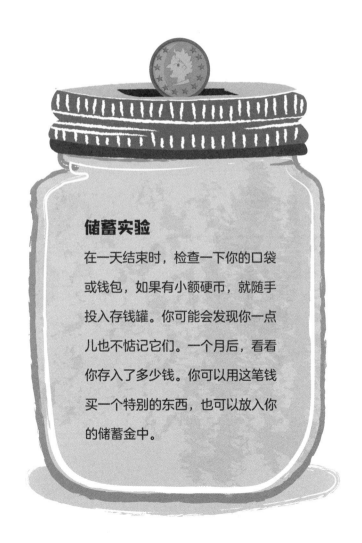

储蓄实验

在一天结束时，检查一下你的口袋或钱包，如果有小额硬币，就随手投入存钱罐。你可能会发现你一点儿也不惦记它们。一个月后，看看你存入了多少钱。你可以用这笔钱买一个特别的东西，也可以放入你的储蓄金中。

制订储蓄计划

　　无论存钱是为了什么，有计划总是好的。首先，给自己设定一个储蓄目标（即你需要存的钱的总额）。其次，你可以计算一下每个星期需要存多少钱，以及多长时间可以达成目标。

　　在确定目标之后，可以通过两种方式来制订储蓄计划——

1. 你先设定每个星期存多少钱，然后计算多长时间可以达成目标。

　　我的储蓄目标是400元。如果我每个星期存40元，那么我需要10个星期才能实现目标。

$$\begin{array}{r} 40 \\ \times\ 10 \\ \hline 400 \end{array}$$

2. 你先设定用多长时间达成储蓄目标，然后计算每个星期需要存多少钱。

> 用10个星期存400元，我等不及，所以我每个星期要存80元。这样一来，我用5个星期就可以达成目标了。

$$\begin{array}{r} 80 \\ \times\ 5 \\ \hline 400 \end{array}$$

达成储蓄目标会让人感到非常满足。而一个目标一旦达成，你就可以继续追求下一个目标了。

> 终于存够钱买了一把吉他，我太高兴了！

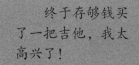

把储蓄列入预算

你可以利用自己的周预算*来帮助你制订储蓄计划。

乔制定的周预算表里列出了他的收入和生活开支。

收入		生活开支	
零用钱	30元	两次午餐	20元
宠物看护	10元	公交车票	4元
总计	40元	总计	24元

除了24元的生活开支，我还剩16元可用于其他支出。

收入	生活开支	剩余
40元	24元	16元

（*关于周预算的内容可参见前面第34页。）

如果我给自己留6元零用钱，那么剩下的10元就可以存起来。

$$\begin{array}{r} 16 \\ -6 \\ \hline 10 \end{array}$$

收入	生活开支	零用钱	储蓄
40元	24元	6元	10元

如果每个星期存10元，那么在接下来的12个星期里就可以攒下120元。这足够我买那双心仪已久的鞋子了。

$$\begin{array}{r} 12 \\ \times10 \\ \hline 120 \end{array}$$

备用金

　　存的钱不仅可以用来购买一些特别的东西，还可以作为备用金，以备不时之需，比如你的智能手机摔坏了需要修理，或者你错过了公交车需要乘坐出租车出行。

　　备用金还会给你一种自由感，让你可以随心所欲地购买自己喜欢的东西。

　　在制订预算计划时，你可以每个月都留出一部分钱作为备用金；或者，你也可以在备用金即将用完的时候再补齐额度。

增加储蓄

要养成多存钱的好习惯。在一周结束时，如果你还有尚未花完的钱，可以考虑放入你的储蓄金中。另外，如果你收到生日礼金，那么至少要把其中的一部分存起来。

要开立银行账户吗？

如果你打算长期储蓄，或许可以考虑开立一个银行账户。关于银行的更多内容，参见第 14 章。

快速测试

你能自己制订一个储蓄计划吗?

（答案见第 187 页。）

a. 为购买礼物，你开始存钱，每周存 7 元，那么 5 周之后，你一共存了多少元钱?

b. 假设你准备用 8 周的时间存钱，购买一件标价为 128 元的潜水衣。如果每周存钱的数额相同，那么每周应该存多少?

c. 假设你计划每月存 20 元，购买一辆标价 300 元的自行车。幸运的是，你收到了 40 元的生日礼金。如果你把生日礼金也放入储蓄金中，那么你需要多长时间可以达成你的储蓄目标？

14 银行

人们选择开立银行账户，是有充分的理由的。

· 银行会确保我们的资金安全。
· 银行会记录我们的账户上有多少钱，显示入账和出账
  数据。
· 在银行存钱，银行会向我们支付存款利息。

（参见第117页。）

银行账户概览

银行为年满16周岁的客户提供两种基本账户
类型——个人结算账户和个人储蓄账户。结算账户
用于日常资金的管理，比如领取工资和支付账单
等。储蓄账户旨在帮助人们储蓄——储蓄金和其他
资金是分开的，银行还会为储蓄金提供少量利息。

此外，银行也为未满 16 周岁的客户提供账户服务。

· 在中国，银行有针对 16 周岁以下儿童开立的银行卡，儿童银行卡各类功能齐全，但是消费额有严格的限制。
· 中国的教育储蓄账户旨在帮助青少年建立专项储蓄，身边的家人可能会使用这类账户来为子女存钱。

哪家银行？

现在有很多类型的银行可供选择。大型国有商业银行、股份制商业银行、城市商业银行等都提供相同的基础服务，但在服务条款和条件上略有差异。另外，在中国，你也可以选择农村商业银行和信用合作社等金融机构，它们可以提供与银行相同的基础服务。

儿童银行卡

儿童银行卡是为那些觉得可以开始管理自己的钱的少年儿童客户提供的。作为儿童银行卡的持有者，你既可以把钱存入账户，也可以把钱从账户中取出来。

儿童银行卡是为 16 周岁以下的少年儿童提供的。当你年满 16 周岁后，银行会将你的资金转入常规银行账户。

任何人都可以往儿童银行卡里打钱，所以，如果你有一份兼职工作，你的工资可以直接打入你的账户。

·我可以使用网上银行吗?

大多数儿童银行卡都提供网上银行服务。你可以通过电脑或手机获取该服务，不过不同银行会有不同程度的限制。

·我会收到银行卡吗?

在中国，16周岁以下的少年儿童申请儿童银行卡需要征得父母的同意，并且需要父母的身份证、户口簿等证件。凭借这些有效证件，你可以在父母的陪同下去银行开立属于自己的银行账户，银行的员工会给你发放一张实体银行卡，具有一般借记卡的基本功能，比如存取款、消费、转账等。

儿童银行卡与成人银行卡有何区别？

在英国，儿童银行卡的持有者不允许透支，或透支额度很小。这意味着如果持有者的账户里没钱了，他们的银行卡会被自动冻结。这是一个非常重要的安全功能，它可以防止持有者陷入债务泥潭，避免缴纳高额的银行借款费用。

有的儿童银行卡设有一些额外功能。比如，你可能希望在消费支出方面设一个月度上限，一旦达到这个上限，你将无法从账户中取钱，也无法用你的银行卡来进行支付。设置上限额度，可以有效地限制你的支出，防止你一下子用完账户中所有的钱。

关于银行卡的更多信息

　　当你开设儿童银行卡时，需要设置一个密码，确认密码之后，银行员工会发给你一张银行卡。

· 在有的国家，银行发放的可能是现金卡；儿童可以利用自动取款机* 从自己的账户中取现。

· 在中国，银行给儿童发放的都是借记卡；儿童不仅可以从自己的账户中取现，还可以在实体店和网上进行支付。

确保密码安全

对密码要保密，确保只有你自己知道。把它记在脑子里，任何时候都不能告诉其他人。

*自动取款机也被称为自动柜员机或ATM机。ATM是自动取款机英文名称 Automated Teller Machine的缩写。

取现

通过自动取款机，我们可以很方便地把钱取出来，但需要特别注意以下两点。

· 在输入密码时要注意周围环境，注意遮挡，确保没有人在你背后偷看。
· 要养成在取现之前先查询账户余额的习惯。

避免支付取现手续费

在中国，大多数自动取款机都是免费使用的，但如果你是异地跨行取现，可能会被收取取现手续费。所以，在异地跨行使用自动取款机取现时要注意取款机上的提示。

银行卡遗失

如果你的银行卡遗失了，你需要立即给开户银行打电话，将银行卡挂失，也可以让你的父母或监护人帮你打电话。银行操作员会冻结银行卡所有的支付和取现功能，这样一来，其他人就无法使用你的卡了。之后，你可以带上自己的身份证等证明材料去银行补办一张卡。

银行预付卡

避免出现超支的一个简单方法，就是使用银行发行的预付卡。你或你的父母可以决定在预付卡中存多少钱。和借记卡一样，你也可以使用银行预付卡取现和支付。但预付卡内的钱用完之后，在再次储值之前，你是无法使用的。另外，银行预付卡多为不记名卡，丢失以后不能到银行申赎回来。

外出旅行时，银行预付卡尤为有用。随身携带一张卡比携带一沓钞票要安全得多，而且在遇到紧急情况时，你的父母也可以在网上给你办理储值。

储蓄账户

人们开设储蓄账户主要是为了获得利息收入。开设储蓄账户之后，我们就可以把钱存放到一个安全的地方，然后看着钱一点点增长。在中国，个人储蓄账户有整存整取、零存整取、整存零取等不同的种类，人们可以根据自己的需求进行选择。

把钱存入储蓄账户的好处之一就是银行会向我们支付利息。利息等于总储蓄额乘以一个特定的百分数，会定期计入你的储蓄中。所以，你存的钱越多，得到的利息就越多。

关于储蓄账户的更多信息

定期储蓄账户一般用于长期储蓄，这意味着该类账户会设有条件，限制储户随时取钱。比如，有些储蓄账户要求储户支取存款前要在规定的天数内提前通知银行。

在中国，储蓄利息是参照存款基准利率来计算的。通常，存款金额越大，存款时间越长，存款利率越高，人们能获取的利息也就越多。这意味着，只有当你的存款数额很大时，比如超过 10,000 元，才能看到明显的好处。不过，在大多数国家，储蓄利率远低于人们从银行贷款时的利率。

教育储蓄是中国一些金融机构专门为小学四年级及以上的学生设立的专项储蓄业务，父母需要用孩子的身份证等证件开立账户。一些成年人专门用教育储蓄账户来存钱，每月存入固定的金额，积少成多，可以供孩子长大以后接受非义务教育时使用。

网上银行

现在，很多人都在网上管理他们的银行账户。开通在线账户后，人们可以——

· 通过笔记本电脑、平板电脑或智能手机访问自己的银行账户。

· 随时查询自己的银行账户余额。

· 清楚地看到账户的入账和出账明细。

· 输入其他人的银行账户信息，然后向他们付款。

· 支付账单和设置定期付款。（关于账单支付的更多内容，参见第17章。）

特色功能

　　有些网上银行账户专门为年轻人推出了便捷的银行服务。这类银行账户可以通过智能手机和平板电脑访问，且具备以下特色功能——

· 当你账户中的钱快用完时会发送提示信息。
· 辅助你每周存一定数额的钱的小程序。
· 帮你记录所购物品类别的系统，以便你评估自己的消费模式。

　　我发现这个余额不足的提示信息真是太有帮助了。

网上银行的安全性

在登录网上银行时，你需要特别小心。

· 对登录信息严格保密。

· 设置网上银行密码时，不要使用你在其他网站上使用的
  密码。

· 切记不要使用咖啡馆或商店里的免费无线网络登录你的
  银行账户，因为其他用户可能会通过无线网络获取到你
  的信息。

当心诈骗

有些犯罪分子会通过发送短信、打电话或发送电
子邮件的方式，试图获取他人的银行账户信息。
这些看似来自银行的消息，可能会要求你提供账
户的登录信息，也可能会要求你输入账户密码。
切记不要回复这类消息。当你收到任何可疑的消
息，可以让父母帮你核实。任何时候都不要在电
话或电子邮件中透露你的账户登录信息。

15 工作和报酬

　　在未来，你会发现自己将面临各种令人兴奋的新挑战。你可能会开始做一份全职工作，开始学徒生涯，或者开始上大学，所有这些选项都会带来新的理财选择。本章讲的是工作和报酬，下一章讲的是跟学生有关的金融业务及相关建议。

什么是学徒制？

　　现代学徒制是一种将在职培训和课堂学习结合在一起的工作学习制度，地点可能设在大学，也可能设在培训中心。学徒是有工资的，而且有专门的学习时间（通常每周一天）。学徒期通常从1年到5年不等。

全职工作

开始全职工作之后，你就可以领取固定工资了。

·小时工资制

作为劳动报酬，小时工资是按工时计算的，时薪固定。小时工资制是西方发达国家普遍采用的一种工资制度，工资通常按月发放，有的雇主也会按周或按日发放。在中国，家政行业采用这种工资制度的企业比较多。

·月薪制

对领月薪的员工来说，他们每周有固定的工时，然后按月领取报酬。月薪通常会直接汇入员工的银行账户。

并不是每个人都是按周或按月领取工作报酬。关于其他类型的报酬方式，参见第127页。

什么是最低工资？

　　在很多国家，政府都设定了最低小时工资。对雇主来说，支付的工资低于这一数额是违法的。在英国，最低工资标准适用于所有年满 25 岁的工作者；此外，英国还有针对未成年人以及针对学徒的最低工资标准。

年薪制

　　在有的国家，一些企业对公司经理、董事长等经营管理人员实行年薪制，他们的年薪通常包括基本收入和效益收入，一般按年发放。

我的年薪是24万元，平均每月2万元。

工作多少个小时？

在英国，全职工作者每周的工作时间从 30 小时到 40 小时不等。中国实行工作者每日工作时间不超过 8 小时，平均每周工作时间不超过 44 小时的工作制度。不过，有些工作者的实际工作时间可能远远超过这个时长，比如医生。至于一周要工作多长时间，劳动合同的必备条款中会有约定。

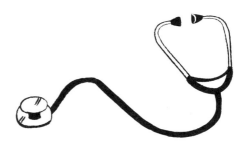

什么是"零时工合同"？

大多数劳动合同都规定了员工每周的工作时长，但是在英国有一种"零时工合同"（zero-hours contracts）并没有就此做出规定。这意味着雇主在某些周可能没有任何工作安排。签订了"零时工合同"的工作者在财务规划方面可能会面临一些问题。

加班

如果加班，则意味着你的工作时长可能会超过合同中约定的工作时长。加班工资通常高于正常工作时间的工资。如果员工在正常工作日以外的时间工作，比如在公共假期上班，他们会获得比普通加班工资更高的报酬。

有时候员工加班是没有额外报酬的，但他们可以选择调休，以抵消加班时长。这有时也被称为补休。

各种类型的工作

人们可以通过多种方式获得工作报酬。下面是一些例子。

我是一个自由职业的设计师，我按小时收费。

我经营自己的企业。我的收入来自企业的利润，同时我也给员工发薪水。

我是一个裱画师，我有自己的收费标准。

我销售汽车。除了薪水之外，我每卖出一辆车都会有额外报酬，即佣金。

关于税前工资

税前工资也就是应发工资，这和我们拿到手的工资是不一样的，它还包括各种必须扣除的费用，即政府和其他组织从我们的收入中拿走的那部分钱。

在工资单上，你会看到——

·你的月总收入

这是扣除各种税费前的收入。

·你的月净收入

这是扣除各种税费后的收入。

·你缴纳的个人所得税

·你缴纳的社会保险费

这是所有工作者都必须向政府缴纳的费用。

你可能还会看到——

·学生贷款还款

（参见第16章。）

·工会会费

什么是个人所得税？

　　个人所得税是指人们收入中由政府收取的、用于公共服务开支或转移支付（收入再分配，将富人的钱转移分配给穷人）的那部分钱，公共服务包括医疗、教育和治安等公共事业。

　　只有当个人收入达到一定数额时，人们才会缴纳个人所得税。这个数额由政府设定，目前中国的个人所得税起征点是每月 5,000 元，每年 60,000 元。

　　因为个人所得税是根据个人收入按比例缴纳的，所以收入高的人缴纳的个人所得税比收入低的人要多。

什么是社会保险？

　　作为一种制度，社会保险从人们的收入中扣除一部分交给政府管理。这些钱被划入社会保险基金，用以支付各种国家福利，比如生育津贴和退休金等。

缴纳养老金

在年轻人看来，为退休储蓄似乎是一件很遥远的事情，但提早行动是非常明智的。如果推迟到很晚才开始行动，那么你就需要支付更多的钱才能存下相同数额的养老金。

在中国，根据基本养老保险制度，企业和劳动者必须依法缴纳养老保险费。

在英国，全职工作者的收入一旦超过一定的门槛，政府就鼓励他们缴纳养老金。年满 22 岁，且每年收入超过 10,000 英镑的英国人都需要缴纳工作场所养老金。除非劳动者自己决定退出这一计划，否则该费用将自动从他们的收入中扣除。

工作场所养老金是提高退休后收入的一个好方法，因为雇主每个月也要为此出资。

这就是生活。

助学贷款 16

　　很多国家会向本国经济困难的大学生提供助学贷款。在中国，如果想申请助学贷款，一般是先向所在学校提出申请，通过审核以后，由国家指定的商业银行把贷款发放给学生。如果你将来决定读英国的大学，那么你可以向学生贷款公司（SLC）申请贷款。学生贷款公司是英国政府资助的一家组织，旨在为高校学生提供财务支持。

·大多数学生会申请学费贷款

　　这些钱足以支付大学课程学习的基本费用，学费会直接发放到学生所在学院或大学在贷款银行开立的指定账户。

·很多人还会申请生活费贷款

　　这些钱被用于支付日常生活费用，比如食宿和交通费用等。生活费贷款可以直接发放给学生本人。在中国，学生能申请到多少贷款取决于学校所在地区的基本生活费标准。

管理生活费贷款

一般来说，生活费贷款会分期发放，可以直接汇入学生的银行账户，所以这就需要学生做好预算，确保每一分钱都花在他们真正需要的东西上面。

偿还贷款

偿还助学贷款和偿还其他贷款是大不相同的。（关于贷款的更多内容，参见第 19 章。）

· 在中国，学生上学期间的所有助学贷款免收利息，但是学生毕业以后，银行会按照特定的贷款利率收取利息，所以，毕业后早偿还贷款，可以少付利息。

· 在英国，个人收入达到一定数额之前，借款的学生不必偿还贷款。目前，这个门槛是年收入 25,000 英镑。

· 一旦收入达到了偿还贷款的门槛，他们就必须从超过该收入门槛的部分中拿出一定比例的钱来还款。目前，这个比

例是 9%。举例来说，如果一个人的年收入是 30,000 英镑，那么 5,000 英镑（超出收入门槛的部分）中的 9% 将会被用于还款，即每年还 450 英镑。

· 在开始偿还贷款后，还款额会自动从他们的工资中扣除。

新工作的收入足够让我开始偿还助学贷款了。

助学金、奖学金和补助金

　　除了助学贷款之外，还有其他一些财务资源可以帮助一部分学生解决生活开支问题。

· 很多大学会为来自低收入家庭的学生提供助学金。助学金通常是将一笔钱一次性发放给学生，中国国家助学金平均资助标准是每名学生每年 3,300 元，这些钱是不用偿还的。

· 有的大学和公司会为优秀学生提供奖学金。这些钱可以由学生自由支配。

· 有的大学会提供专用的补助金，用来资助学生出国游学等。

兼职工作

有的学生会在课余时间或在假期找一份兼职工作。这些额外收入相当于增加了学生的生活费，但把工作和学习结合起来并不是一件容易的事情。

学生优惠

有了学生证，通常你就可以在某些商店、餐馆、电影院和体育馆等场所享受消费折扣优惠了。另外，你还可以参加一些针对青少年推出的非常实惠的旅游项目。各种折扣的确很有诱惑力，但在消费时也要多加注意，不要失去理智。

17 处理账单

随着年龄的增长，你会发现自己有很多账单需要处理。除了电费、煤气费和水费等家庭服务账单之外，你可能还要处理话费账单、定期保险，以及各种订阅费用等。

那么，怎样才能处理好账单，确保每次都能及时支付呢？

处理账单的
重要建议

· **在收到账单时，要仔细核对。**

如果能及早发现问题，那么你就有更多时间来进行梳理，
并在付款之前解决问题。

· **记下付款截止日期，并提醒自己提前支付。**

在日记中突出标记付款日期或在手机中设置提示信息。

· **将账单存放在安全的地方。**

如果是电子账单，你可以在电脑里建立一个专属文件夹。

· **设置一个适合你的付款系统。**

很多人会选择以直接借记的方式支付账单。更多内容参见
下一页。

第三方支付

在中国，很多人选择在网上购物，为了避免出现卖方不愿先发货，担心买方收到货之后不付钱，或者买方不愿先付钱，担心卖方收到钱后不发货的情况，第三方支付应运而生。作为具有一定实力和信誉的独立机构，第三方支付平台对卖方和买方进行约束和监督，人们常用的第三方支付产品有支付宝、财付通、拉卡拉等。

相较于传统的现金支付，第三方支付比较便捷高效，人们购物也更方便。不过，只需要动动手指你的钱就花出去了，有时候你可能意识不到自己的开支超过了预算，所以要留意自己的账户明细，看看钱都是怎么花出去的。

电费

杂志订阅费

水费

保险费

话费

直接借记与定期付款

　　直接借记（direct debit）和定期付款（standing order）是国外一些国家常用的支付方式，它们都允许从银行账户中自动划扣款项，但它们有着不同的运作方式，也被用于支付不同类型的账单。

· 就直接借记而言，从用户的银行账户中划扣的金额是由收款公司决定的。所以，这个数额可能是逐月变化的，因为它取决于用户的账单费用。直接借记可用于支付月度账单或租金。

· 就定期付款而言，从用户的银行账户中划扣多少钱是由他们自己决定的，而且这个数额是固定不变的，除非用户给出了新的指令。定期付款可用于金额一般不会变化的常规付款，比如年度订阅费或慈善捐款等。

18 租赁和抵押贷款

　　在将来的某个时候，你可能会计划搬入租赁的公寓或住房。展望未来，你甚至还可能梦想购买一套属于自己的房子。本章内容涵盖租赁费用以及抵押贷款相关费用，同时还讲了各种常见家庭费用支出的情况。

租赁准备

搬入一套住房或公寓是一件令人兴奋的事情，但这是有成本的。在你搬入之前，你可能会遇到以下几个问题。

- 你需要预付一个月（或三个月）的租金。
- 你可能还要缴纳租房押金（参见第142页）。
- 你可能需要支付房屋中介费。
- 如果租赁的房屋不带家具，那么你还得购买家具。

什么是租房押金？

租房押金是作为担保金而支付的一笔钱，用以担保可能产生的房屋损坏的费用。租房押金的金额通常相当于一个月的租金，并一直保留到租客搬走为止。届时，如果房东认为房屋设施没有被损毁，则会全额退还。

购买自己的住房

拥有自己的住房是一个美好的梦想，但怎样才能做到呢？除非你非常富有，否则只能办理住房抵押贷款。

什么是住房抵押贷款？

大多数购房者都背负着住房抵押贷款。这是银行或其他金融机构向房屋购买者发放的、用于购买住房或公寓的长期贷款。购房者按月分期偿还贷款本息（参见第 147 页）。还完全部抵押贷款通常需要 20 年乃至更长时间。

支付抵押贷款首付款

办理抵押贷款的第一步是存钱。你需要存很大一笔钱用于支付首付款。在中国，首付款的比例一般不低于 20%。在英国，抵押贷款的首付款通常为房屋总价的 5% 到 25% 不等。

长期投资

因为抵押贷款的还款中包含了利息，所以购房者的最终还款额比房屋原销售价格会高出很多。不过，在大多数人看来，办理抵押贷款仍是一个不错的选择。如果我们通过抵押贷款买房而不是租房，那么实际上我们是在为自己的住房支付费用，而不是把钱存入房东的银行账户。

家庭费用支出

一旦有了自己的住处，我们就得考虑各种常见的家庭费用支出了。以下是一些我们需要做预算的费用。

· 月租或月供（住房抵押贷款每月还款）。

· 煤气费、电费和水费（除非这些费用已经约定好包含在租金中）。

· 宽带费用。

· 物业费（除非已经约定好包含在租金中）。这些费用会被用于物业服务支出，比如垃圾清理等。

制定家庭预算是一个不错的主意。列出当月的所有费用，有助于做开支规划，确保任何时候都能付得起租金和各种费用。

借款

大多数人在人生中的某个时候都会借款。

· 一个年满 18 周岁的学生可能会有授权的透支额度，
以备不时之需。

· 一个家庭可能会持有信用卡，用来超前开支，例如
预订假期行程服务。

· 个体经营者可能会办理银行贷款，用来购买工具或
车辆。

借款在帮助人们实现
自身目标方面是大有助益
的，但借款人需要小心管
理自己的资金，确保能够
按时偿还贷款。

本章探讨的是不同类型的借款以及它们的风险
情况。

透支

如果你已年满 18 周岁，拥有了自己的信用卡，那么你可能会有一个被授权的透支额度，即发卡机构允许你按照约定的限额从账户中提取额外的资金。透支额度与你的信用度有关，信用度越高，你可以透支的金额也越多。使用信用卡透支消费还可以享有免息还款期。

恶意透支会怎样？

超过规定限额或规定期限透支绝不是一个好主意。如果发卡机构两次催收，超过三个月没有归还，就可以认定为恶意透支。恶意透支属于违约行为，需要承担违约责任。

银行第二次催收了！

利息

你有没有跟你认识的人借过钱？如果借过，你也许承诺在某个时间内归还，但你可能不需要支付任何额外的费用。

遗憾的是，贷款的时候并不是这样操作的。当我们从银行或其他金融机构借款时，必须同意偿还借款并支付这笔借款的利息。利息等于借款总额乘以一个百分数，可能很少，也可能很多。

哦，天哪！我不仅要还贷款，还要还利息！

利率

　　在中国，人们所偿还的贷款的利息是根据贷款基础利率（LPR）来计算的。按照规定，贷款基础利率由中国人民银行授权每月发布，这有助于借款人进行利率比较。在英国，金融机构使用的计息方式是年度百分比利率（APR），信用卡的年度百分比利率远高于银行贷款，而英国的商店信用卡（store card）的年度百分比利率甚至还高于信用卡。

还款

　　大多数贷款是按月分期偿还的，而且还款额中是包含了利息的，所以，偿还贷款的时间越长，支付的利息就越多，最后还款的总额也越多。

借款类型

借款的方式有很多种，以下只是简单列举几种。

·银行贷款

只要确信借款人有能力偿还贷款，银行就可以为客户提供贷款服务。与其他大多数贷款机构相比，银行的还款利率相对较低。

·分期付款协议

在购买一些大额商品，如汽车或家具时，有的卖家允许客户选择分期付款，按月偿还本息。客户可以直接带走他们购买的东西，但还款时间可能持续几个月乃至数年。当然，他们最终支付的货款总额要比商品的原价多得多。

我用5年时间分期付款买了这辆车，比原价多花了50,000元。

各大银行或商业机构发行的信用卡允许用户在约定的限额内借款。信用卡持有者持卡消费，可以选择按月分期还款。

信用卡还款

信用卡还款有以下三种选择。

- 你可以一次性还清所有欠款。
- 你可以根据自己的还款能力选择分期偿还，每次偿还部分欠款。
- 你可以按最低还款额还款。

一次性还清所有欠款不需要支付任何额外的费用，但如果你选的是另外两种方式中的一种还款方式，那么你需要支付分期手续费或利息，还款时间越长，利息就越多。

信用卡的危险

£££

如果是按最低还款额还款，那么最低还款额需要是账单总额的 10% 加上其他一些应付款项，选择这种还款方式就不能享受免息还款待遇，而且剩余的还款额会按日息万分之五叠加滚动，直到你把所欠款项全部还上。最终的还款总额可能会是原账单的很多倍，因为这里面包括了所有的利息。

· 商店信用卡

商店信用卡是一种联名信用卡，可用于商店或连锁店购物，在有的国家应用非常广泛。这类卡有很多诱人的优惠条件，但利率极高。

我原以为商店信用卡会给我省钱，没想到却让我多花了很多钱！

固定利率和浮动利率

　　有的贷款是固定利率，所以借款人非常清楚他们每个月要还多少利息。除此之外，还有很多贷款是浮动利率，这意味着借款人需要注意查看他们需要偿还的利息。

　　在英国，信用卡和商店信用卡发行机构常常会以低利率的方式鼓励人们借款。一旦借款人开始使用这些信用卡，利率就会大幅上调。持卡人应经常查看每月对账单上的年度百分比利率。如果持卡人对利率不满意，那么他们有权更换其他卡。

我从没想到利率会升到这么高！

还款问题

　　未能按时偿还贷款或信用卡欠款的借款人会被处以罚金。如果不还款或还款严重逾期，那么他们的信用评分将会受到影响。

什么是信用评分？

　　信用评分是对借款人偿还贷款和信用卡欠款记录的量化分析。当人们向贷款机构申请贷款或抵押贷款时，贷款机构会查看他们的信用评分，然后再决定是否为他们提供贷款。（信用评分有时也被称为信用评级。）

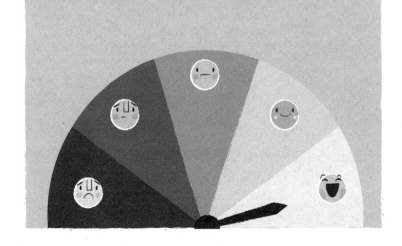

紧急借款

　　面临财务困难的人有时可能需要短期贷款，以维持到下一个发薪日或直到他们可以挣到更多的钱为止。小额现金贷，在国外一些国家叫"发薪日贷款"（payday loan），是为借款人提供的短期贷款，但贷款机构会向借款人收取非常高的还款利息。

警惕放高利贷者

　　有时候，急需用钱的人可能会去找非法的放贷者，从所谓的"放高利贷者"那里借款。这些放高利贷者最初看起来可能很友好，但一旦借款人无力偿还贷款，他们瞬时就会变得非常可恶。他们不会继续维持固定利率，而是随心所欲地提高利率，有时为了拿到他们想要的钱，甚至还会采取暴力手段。

债务困境

随着还款额不断增加，人们可能会发现自己已经难以偿还债务。这时候，借款人很容易陷入一种恶性循环，因为他们需要借更多的钱来还款。

试图追赶贷款的还款进度，感觉就像你拼尽全力跑，却仍处于落后位置一样。

一旦陷入债务危机，你需要及时做出改变，削减一些不必要的开支，以免欠款像滚雪球一样越滚越大，必要的时候要向父母等真正关心你的人寻求帮助。

借款的 4 个黄金法则

不要借超出你需要的钱

贷款数额越大，还款数额就越大。

尽快还钱

偿还贷款的时间越晚，偿还的数额就越大。

要有还款计划

每月留出足够的钱来还款。

一定不要错过最后还款日

错过最后还款日意味着你要支付额外的费用，而且还会影响你的信用评分（参见第 153 页）。

赌博 20

当人们赌博时，他们是在拿钱冒险，即便他们知道自己输钱的概率远大于赢钱的概率。

赌博可能发生在公共场所，比如赌场、游戏厅或投注站，也有可能发生在一些隐蔽的场所，比如有人会在家中或在网络上组织赌博。根据中国的法律规定，无论在什么场所，不管是成年人还是未成年人，以营利为目的的聚众赌博都是违法犯罪行为。

是赌博还是娱乐？

如果你只是在节日的时候跟亲朋好友玩扑克、打麻将，不以赢钱为目的，这样的娱乐活动是允许的。需要特别注意的是，要提防那些打着娱乐的幌子，诱骗你在老虎机上下注或者用纸牌游戏赌博的坏人，有些电脑游戏也会模仿赌博场景，吸引玩家竞相积攒虚拟货币。区分娱乐和赌博很重要的一点，就是看是不是为了营利。

赌博是会上瘾的

有的人发现，一旦他们开始赌博，就再也停不下来了，即便他们知道自己在输钱，也依然沉迷其中，希望运气能够改变。赌徒很容易掉入一个陷阱，即输得越多，他们就越想把钱赢回来。赌博很容易让人陷入债务危机，所以，比较明智的做法就是远离赌博，小心赌博陷阱。

投资

有的人会把他们的一部分钱拿出来投资，也就是把钱投放到他们认为将来会增值的东西上。投资可能会带来回报，但也可能充满风险，让投资者损失全部本金。在投资之前，我们需要问一问自己：

· 我可以承受多大的损失？
· 我真的不需要把这笔钱用到别处吗？

不同的投资

人们可以选择投资各种各样的东西。有的投资者购买地产，有的则购买艺术品或老爷车，而最常见的投资形式是购买某公司或其他组织的股票。

购买股票

　　当投资者购买一家公司的股票时，他们也就相当于提供了一部分用于经营该公司的资金。公司的资金来自数以百万计的股票，所以每股股票在公司总市值中只占极小的一部分。

股票会怎样？

　　股票的价格可能会上涨，也可能会下跌，这一般取决于公司经营是否成功。

· 如果公司经营良好，那么股票的价格就会上涨。这种情况下，投资者把股票卖出就会获利。

↑ 获利

- -

亏损 ↓

· 如果公司经营情况不如预期，那么股票的价格可能就会下跌。这种情况下，投资者卖出股票就会亏损。

我以每股10元的价格买了100股股票。公司发展得很快，现在我的股票每股价格是30元。

如果你现在卖掉你的100股，那么你将会获得3,000元，也就是投资获利2,000元。

我也以每股10元的价格买了100股。但这家公司经营得不好，现在我的股票每股价格是2元。

如果你现在卖出你的100股，那么你将会获得200元，也就是投资亏损800元。

支付股息

　　除了卖出股票获利外，股东还可以从他们投资的公司获得股息。股息是股份公司分给股东的一小部分利润。股息的多少取决于公司一年的经营状况以及股东所持的股票份额。

投资选择

在决定投资之前，我们需要问一问自己：

· 我能拿出多少钱用于投资？

· 除去投资的这笔钱，我可以维持多久？

· 我真的想进行高风险投资吗？这可能会让我赚更多的钱，但也有可能让我的投资打水漂。

· 我更倾向于低风险投资吗？这可能不会让我赚很多钱，但可能会让我的资金更安全。

投资是非常复杂的，所以人们经常依靠专家来帮助他们做出投资选择，理财专家会为客户提供投资建议，比如投资哪一家公司，以及在什么时间买入或卖出股票等。

22 保险

　　有时候，一些意想不到的事情可能会彻底打乱我们的财务计划，比如手机损坏了，钱包弄丢了或自行车撞坏了。在将来，你可能会面对一系列更严重的问题。想象一下，如果你的汽车坏了，你的房屋被洪水淹了，或者你出了事故，还丢了工作，你会有何感受？像这样的严重问题本身就已经很难解决了，何况还要担心没有钱来支付这些问题产生的费用。

　　那么，怎样才能保护好自己的钱，确保在遇到问题时不会付出沉重的财务代价呢？

未雨绸缪

    人们可以通过如下方式为意外费用做好准备。

· 存钱以备不时之需

翻回第104页，查看关于备用金的建议。

· 投保

阅读本章剩余内容，了解更多投保信息。

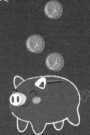

什么是保险？

    保险是一种自我保护的方式，避免在出现问题时，人们因此损失很多钱。签订保险单以后，人们按年或按月定期向保险公司交付费用。当某些意外发生时，保险单作为一个凭证，可以帮投保人获取很多赔偿。一旦保单开始生效，投保人就会受到保护，且有权向相应的保险公司索赔。

各种保险

我们可以为自己的房屋、财产、汽车以及生活中的其他很多东西投保。（更多内容，参见第172页。）

有些保险种类是强制购买的。例如，在世界各国，驾驶没有保险的车辆都是违法的；在英国，如果没有购买房屋结构保险，就无法申请房屋抵押贷款。对于其他保险，人们可以自行决定是否购买。

获得保护

虽然有些保险并不是强制性的，但如果不购买的话，人们可能会承担一定的风险。比如准备出国，为削减开支而放弃购买旅行保险，那可能会是非常严重的错误。

保险费交多少如何决定？

在购买保险时，人们支付的费用就是保险费，可以按月或按年支付。保险费的金额取决于风险的大小和被保险物的价值。

我是一个没有经验的司机，所以我的机动车辆保险费很高。

我是一个有20年驾龄的老司机，从未出现过任何事故，所以我的保险费要比你的低很多。

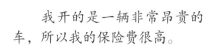

我开的是一辆非常昂贵的车，所以我的保险费很高。

我的车的修理费要比你的便宜得多，所以保险费比较低。

保险索赔

在意外发生后，投保人填写索赔表。在同意赔付之前，保险公司会仔细核查表中的索赔内容。

对那些有大量索赔记录的投保人来说，他们缴纳的保险费比索赔记录较少的投保人要多。在一定年限内从未有过任何索赔的投保人会得到奖励，享受减收保险费优待。这被称为"无赔款优待"。

哦，天哪！我的无赔款优待算是完了！

咚！

嘎吱！

机动车辆保险

如果你有机动车，那么你必须购买机动车交通事故责任强制保险，也就是交强险。除此之外，你还可以自愿投保一些商业险，以尽量减少各种事故及其他问题造成的损失。

· 第三者责任险

涵盖对他人车辆或财产造成损失的费用。

· 第三者责任、火灾与盗窃险

涵盖对他人车辆或财产造成损失的费用，以及你的车辆被盗或因火灾而造成损失的费用。

· 综合险

包含上述保险的所有费用，外加你自己的车辆所遭受损失的费用。

综合险的保险费是最高的，但如果你选择了较便宜的一种保险，那么在出问题时，你可能会面临更高的费用支出。

房屋保险

在有的国家，比如英国，所有的房屋抵押贷款者都必须购买房屋保险。该保险涵盖房屋受损后的修缮费用，比如房屋因火灾或暴雨而受损等。

室内财产保险

室内财产保险涵盖对家庭财产意外损坏或因被盗而造成损失的赔偿。衣物、电脑、自行车和手机等物品均在该保险的保险范围之内，即便它们是在室外丢失或损坏的。

旅行保险

旅行保险涵盖了旅客在度假或出差时可能面临的一系列费用。

大多数旅行保险都涵盖如下费用——

· 丢失或被盗的包及包内物品的更换费用。

· 因航班延误或其他旅行问题而产生的费用。

· 不得不取消或缩短假期而产生的费用。

· 紧急医疗费用。（如果旅客参加的是高风险的度假活动，

  比如攀岩或滑雪等，则必须支付更多的保险费。）

其他保险

　　人们可以对很多不同的东西进行投保。以下是一些常见的保险种类。

· 健康保险

涵盖医疗或护理的部分费用。

· 收入保障保险

如果投保人因意外伤害、疾病无法工作，保险公司将给付一定数额的收入保障保险金。

· 个人贷款保证保险

如果借款人失业，保险公司将给付偿还贷款的费用。

· 人寿保险

如果投保人死亡，保险公司向其家人或其他家属给付保险金。

· 宠物保险

涵盖用于宠物医疗方面的费用。

帮助与建议

现在你已经读完本书，对如何理财应该有信心了，但有时你可能还是会需要一些建议。

如果遇到了问题，不妨跟自己熟悉的人讲一讲。另外，互联网上也有一些有用的网站，在理财方面提供了明确而清晰的建议。在这些网站中，有的设置了在线求助热线，由专业顾问提供个人支持及建议。不过，为了安全起见，你最好让父母和老师给你推荐一些权威的网站。

词汇和术语

Wi-Fi：一种数据传输技术，可通过无线方式将设备连接到网络路由器，为家庭和企业提供互联网服务。Wi-Fi 连接只有在靠近路由器的地方才能实现。

保险：在发生意外时保护自己免受金钱损失的一种方式。人们定期向保险公司支付费用，也就是保险费，以换取保险公司提供的某种财务保障。保险包括很多类型，比如交强险、健康险、意外伤害险等。

储蓄账户：为了获得利息收入，用户在银行开立的办理资金存取业务的人民币储蓄存款账户。

代金券：商店在客户退货时发放的一种卡片或凭证，允许客户使用该卡片或凭证购买店内其他商品。

贷记：把钱存入账户，即把钱记入账户的贷方。如果一个账户中有贷方余额，就说明该账户中有可用于消费的钱。贷方余额有时也被称为存款余额。

贷款：商业银行等金融机构对借款人提供的并按约定的利率和期限还本付息的货币资金。

抵押贷款：以借款人提供一定的抵押品作为保证向银行取得的贷款。

定期付款：向银行发出的从账户中提取资金并自动支付的指令。只有账户持有者才能更改付款金额。

赌博：以有价值的财物为注码赌输赢的行为。

恶意透支：超过规定限额或规定期限透支，并且在发卡银行催收后仍不归还的行为。

发薪日贷款：利率极高的一种短期贷款，借款人一般承诺在自己发薪水以后便偿还贷款。

房屋中介：帮助房东寻找租客并负责安排租金支付及维修等事宜的人。

非接触式支付：在非接触式读卡器上或靠近非接触

式读卡器，通过挥动或轻触非接触式设备（比如银行卡或手机）进行支付的一种方式。

分期付款：购买商品或服务时的一种付款方式，买方分多次付清货款，其中会包含利息，所以分次支付的总金额会比一次性支付的金额高。

浮动利率：在借贷期限内随物价或其他因素的变化而相应调整的利率。

福利费：政府支付给特定人群的款项，比如国家支付的残疾人福利费、儿童福利费和产妇福利费等。

个人所得税：人们在其收入达到一定水平后必须向政府缴纳的收入的一部分。

购物小票：又称为购物收据，是卖方提供给买方的购买凭证。购物小票可以是纸质版的，也可以是电子版的。

股票：股份公司为了筹集资金发行给投资者（也

就是股东）的一种凭证，代表股东对企业拥有部分所有权。

股息：公司根据股东持有的股票份额，按事先确定的比例向股东分配的公司利润。

固定利率：在一定期限内保持不变的利率。

雇主：付钱让别人为自己工作的组织、公司或者个人。

合同：一个人或组织与另一个人或组织订立的，且双方都必须遵从的法律协议。比如，我们和雇主或运营商之间签订的合同。

货币：在特定国家使用的钱，比如英镑、美元和日元等。

加班：超过劳动合同中所约定工时的时间。加班可能有薪酬，也可能没有薪酬。

加密货币：一种使用数学和密码破译技术在网上创造、交换并保证安全的数字货币。

借记：把钱从账户中取出，即把钱记入账户的借方。如果一个账户中有借方余额，就说明说该账户有欠款。借方余额有时也被称为欠款余额。

借记卡：一种先存款后消费或取款而没有透支功能的银行卡。这样一来，也就避免了现金的使用。另外，借助自动取款机，用户也可以用借记卡从自己的银行账户中提取现金。

净收入：扣除个人所得税等各项税费后所获得的报酬。净收入有时也被称为实得工资。

利率：一定时期内利息额与本金额的比率。

利润：营业收入或销售收入减去所有成本和费用之后剩下的钱。

利息：在偿还借款时，借款人支付的货币使用费。

零用钱：父母或其他监护人定期支付给孩子的可以由孩子自由支配的钱。

免征额：对个人所得免予征税的数额。

年当量利率：存款年利率，即AER，是Annual Equivalent Rate的首字母缩写。AER被用于比较不同的储蓄利率。

年度百分率：贷款年利率，即APR，是Annual Percentage Rate的首字母缩写。APR被用于比较不同的贷款还款利率。

商店信用卡：商店或连锁店发行的功能类似于信用卡的一种卡片。商店信用卡的还款利率甚至比信用卡还要高。

社会保险费：依照法律法规，从人们的收入中扣除的用于支付社会保险津贴的钱，如国家养老金。

生活开支：花在生活必需品上的钱。用于食品的和租金都属于生活开支。

首付：使用住房抵押贷款买房时按照国家规定的比例第一次支付的最低款项，可以高于这个额度，但不能低于它。

数据：移动数据允许移动设备，如智能手机和平板电脑等，在无线网络连接中断时访问互联网。

投资：用钱购买某种随着时间推移可能会增值的物品，比如公司股票。

透支：客户经银行同意在一定时间和限额之内提取超过存款金额的款项。

退休金：国家按照社会保险制度规定，在劳动者年老或丧失劳动能力后，根据他们对社会所做出的贡献和所具备的享受养老保险资格或退休条件，按月或一次性以货币形式支付的保险待遇，主要用于保障职工退休后的基本生活需要。

网络银行：通过手机、平板电脑或笔记本电脑管理银行账户的一种方法。

现金账户：用于管理日常资金的银行账户，比如领取工资和支付账单等的账户。

信用合作社：由中国人民银行批准成立的一种金融机构，提供与银行类似的服务。

信用卡：又叫贷记卡，一种由银行或其他专门机构为年满 18 周岁及以上的用户提供的允许其先消费、后还款的一种银行卡。信用卡有着非常高的还款利率。

信用评分：信贷机构基于客户的借款和还款历史评出的分数。信用评分反映了客户违约风险的大小。信用评分有时也被称为信用评级。

养老保险费：按当期企业职工工资总额的一定比例向社会保险机构缴纳的用于养老保险的款项。

银行贷款：银行账户持有人从银行借取并按事先约定的利率偿还的资金。

银行卡：由银行发行的一种支付工具，便于客户使用银行账户中的资金。银行卡可能是信用卡，也可能是借记卡。

银行预付卡：预先存入资金的银行卡。预付卡可用于消费，也可用于提取现金。

银行账户：银行提供的存款账户、贷款账户、往来账户的总称，用户可以通过它来存款、取现和支付账单等。银行会记录用户账户中的资金变动情况。

应用：一种用于执行特殊功能的计算机程序，可下载到手机、平板电脑或其他计算机设备上。

预算：财务规划的一种方式，列出各项收入和生活开支，然后规划如何花费剩下的钱。

诈骗：以某种方式欺骗别人的犯罪行为，通常是为了骗钱。

折扣：商品买卖过程中，卖方给买方的价格优惠，对价款总额按一定比例进行扣除。

直接借记：由客户向银行发出的直接从客户账户中提取资金自动定期支付的一种结算形式。收费公司会向银行发出直接请求，而收取的金额通常是可以变更的。

助学贷款：根据国家规定，对经济困难的非义务教育阶段的学生发放的贷款，用于资助他们缴纳学费、住宿费和生活费用。

资费：手机套餐中规定的固定通话时间、短信数量和数据流量的费用。

自动取款机：允许人们使用银行卡提取现金和查询银行账户余额的一种机器。自动取款机也被称为自动柜员机或 ATM。ATM 是 Automated Teller

Machine 的缩写。

租房押金：租客在搬入所租赁住房前支付给房东的款项，用以担保可能产生的房屋损坏的费用。

最低工资：在法定工作时间提供了正常劳动的前提下，雇员所在的用人单位必须按法定最低标准支付的劳动报酬。

最低还款额：信用卡持卡人在到期还款日前偿还全部应付款项有困难的，可按发卡行的规定，仅支付消费金额的 10% 加其他各类应付款项。

测试答案

P28

<u>想要的物品</u>：泡泡糖、电影票、唇膏、杂志、
香水、糖果

<u>需要的物品</u>：香蕉、公交车票、体香剂、三明治、
袜子、牙膏

P50

a. 每个布袋木偶的材料成本=2.5元

b. 每个布袋木偶的劳动成本=2元

c. 每个布袋木偶的总成本=4.5元

d. 每个布袋木偶应定价为6元

P65

最实惠的选项是：

a. 买一赠一；c. 原价的三分之二；f. 四折

衣服的折后价格：短裤150元/件；T恤衫78元/件

P106

a. 一共存了35元。

b. 每周应该存16元。

c. 需要13个月的时间达成储蓄目标。

索引